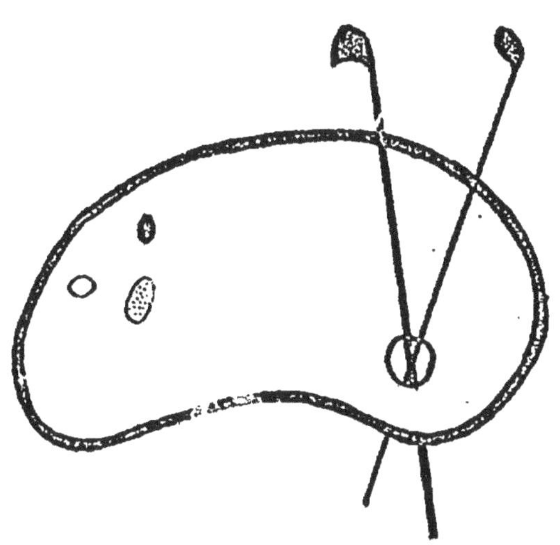

DEBUT D'UNE SERIE DE DOCUMENTS
EN COULEUR

LA
PRESQU'ILE DE QUIBERON

NOTES DE VOYAGE ET D'HISTOIRE

PAR

JULES FABRE

Avocat à la Cour de Paris.

PARIS

ERNEST THORIN, ÉDITEUR,

LIBRAIRE DES ÉCOLES FRANÇAISES D'ATHÈNES ET DE ROME
DU COLLÈGE DE FRANCE ET DE L'ÉCOLE NORMALE SUPÉRIEURE
ET DE LA SOCIÉTÉ DES ÉTUDES HISTORIQUES.

7, RUE DE MÉDICIS, 7

1889

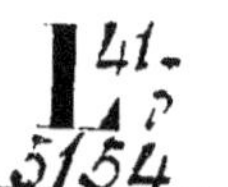

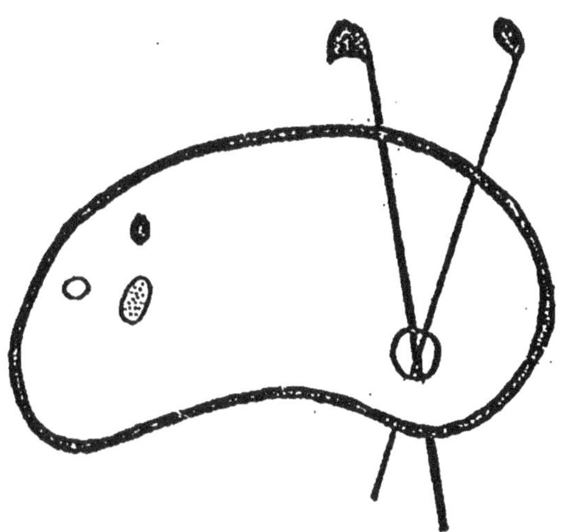

FIN D'UNE SERIE DE DOCUMENTS
EN COULEUR

LA PRESQU'ILE DE QUIBERON

NOTES DE VOYAGE ET D'HISTOIRE

PAR

JULES FABRE

Avocat à la Cour de Paris.

PARIS

ERNEST THORIN, ÉDITEUR,

LIBRAIRE DES ÉCOLES FRANÇAISES D'ATHÈNES ET DE ROME
DU COLLÈGE DE FRANCE ET DE L'ÉCOLE NORMALE SUPÉRIEURE
ET DE LA SOCIÉTÉ DES ÉTUDES HISTORIQUES.

7, RUE DE MÉDICIS, 7

—

1889

Extrait de la Revue de la Société des Études historiques.
(Mars-Avril 1889).

LA PRESQU'ILE DE QUIBERON

Notes de voyage et d'histoire.

Joliment plantée sur les bords d'un modeste cours d'eau, la petite ville d'Auray se divise en deux parties, que réunissent les cinq arches d'un vieux pont de pierre. Sur l'une des rives, s'élève une colline rocailleuse d'où la vue, en se perdant à d'infinies distances, embrasse un merveilleux panorama : de toutes parts, un pays riant et boisé, touffu d'épaisse verdure ; tout au nord, à l'extrême horizon, s'allonge, austère et désolée, avec ses pins rabougris et ses mornes bruyères, la lande de Lanvaux, où le roc est à fleur de terre, et où la nature ne se prodigue pas ; plus rapprochés, la chapelle de Sainte-Anne et le couvent de la Chartreuse, dont les toits dépassent la cime des arbres. Au sud, la plaine s'abaisse jusqu'à Locmariaquer, Carnac et Plouharnel ; puis, la presqu'ile de Quiberon s'élance, resserrée, et comme étranglée par l'Océan, jusque dans un lointain vague et bleuâtre, où surgit une masse élevée — c'est Belle-Isle en mer.

En parcourant, sac au dos et canne à la main, ce curieux coin de pays, aujourd'hui si calme et si reposé, on cède naturellement aux souvenirs qu'il rappelle, et on retrouve trace des douloureux épisodes qui s'y sont déroulés, au cours de l'été de 1795.

La Vendée était pacifiée ; des chefs de l'insurrection, les uns avaient payé de la vie leur dévouement à la cause royaliste ; d'autres, Charrette et Stofflet, essayaient, pour l'honneur de leur mémoire, de résister encore.

Cependant, sur la terre anglaise, des projets de descente en France se formaient discrètement et des efforts multipliés étaient faits pour en activer la réalisation ; on avait organisé des régiments complets avec ce qui restait d'émigrés ; on commit même l'irréparable faute d'enrôler dans leurs rangs des prisonniers français, détenus sur les pontons, où ils enduraient de cruelles souffrances.

Le gouvernement britannique, pour sa part, réunissait, équipait, armait de ses deniers plusieurs corps de troupes, qui devaient constituer le noyau le plus sérieux et le plus solide de la petite armée.

Le marquis de Puisaye, qui s'était activement dévoué à ces préparatifs, tenait du comte d'Artois lui-même les pouvoirs les plus étendus pour diriger l'expédition, et pourvoir à tous les commandements et à tous les emplois; le 6 juin, l'amirauté anglaise lui remit un pli cacheté qui contenait les dernières instructions : il ne devait l'ouvrir qu'en pleine mer.

Les troupes à la solde de l'Angleterre étaient placées sous le commandement immédiat d'un autre chef, le comte d'Hervilly; celui-ci invoqua sa situation personnelle pour prétendre dès le début à la direction complète et exclusive de l'expédition; d'où de graves dissentiments avec M. de Puisaye, et, dans les ordres donnés, un manque d'unité, qui devait avoir sur le succès de l'entreprise de déplorables conséquences.

Le 16 juin 1795, à Portsmouth et à Southampton, l'escadre appareilla, forte d'une dizaine de vaisseaux anglais et de cinquante transports; le commodore Warren la dirigeait. A bord se trouvaient, outre le commandant en chef et son brillant état-major, les régiments d'émigrés du comte d'Hector, du comte du Dresnay, le Loyal Emigrant, et la petite armée du comte d'Hervilly; en tout, environ 4000 hommes, qui emportaient avec eux un grand nombre de fusils, des équipements, des vêtements, des munitions en quantité considérable, des vivres, de l'or et des assignats. La première flotte partie, les apprêts se poursuivaient sans relâche : une seconde expédition allait, dans peu de jours, s'embarquer à son tour sous les ordres du jeune marquis de Sombreuil, que devait suivre quelque temps après, avec plusieurs milliers d'hommes ramenés d'Allemagne, le comte d'Artois en personne; c'était déjà, et avec le succès qu'il comporte, le système des *petits paquets*.

L'amiral français Villaret-Joyeuse tenait la mer; il avait quitté le port de Brest pour essayer de rattraper, aux environs de Belle-Isle, l'amiral anglais Cornwallis. Mais, à quelques lieues de cette majestueuse baie d'Audierne, que protègent au nord les rochers tumultueux de la pointe du Raz, notre escadre rencontra le commodore Warren et son convoi; le combat s'engage; les forces navales de Warren, accrues de celles de

Bridport, sont supérieures aux nôtres; Villaret-Joyeuse essuie un sérieux échec, et se voit forcé de se retirer en toute hâte sur Lorient; c'était le 24 juin.

La route était libre; les vents soufflaient favorables, et dès le 25, à la tombée de la nuit, la flotte anglaise mouillait dans la baie de Quiberon.

De Puisaye aurait voulu débarquer sans retard, afin que les troupes pussent toucher terre avant la pointe du jour; d'Hervilly s'y opposa, en prétextant le danger que l'opération ainsi menée pouvait offrir, et la responsabilité que trop de précipitation lui aurait fait assumer; il se contenta de sonder, dès le matin, le tour de la large baie au moyen d'une lunette d'approche.

Dans la journée du 26 seulement, les premiers détachements, transportés par des bateaux plats, abordèrent à la plage déserte de Carnac, aux cris répétés de: vive le Roi! ils établirent leurs bivouacs au hameau du Genès, à petite distance du rivage. L'enthousiasme était immense; les habitants de la contrée, bientôt avertis, sortirent de leurs cabanes et de leurs fourrés; et c'est en présence d'une foule énorme que l'évêque de Dol, entouré de cinquante prêtres, put célébrer la messe, sur le sable même de la grève.

Un petit poste de deux cents hommes de troupes républicaines, embusquées au mont Saint-Michel, avait bien tenté de résister au débarquement; mais ils furent bientôt dispersés et la tranquillité se rétablit pour quelques jours.

Tout semblait alors promettre le succès: de tous les points de la Bretagne, accouraient une multitude de chouans, sans armes et presque sans vêtements, mais animés d'une irrésistible ardeur qui faisait concevoir à de Puisaye les plus sérieuses espérances. Le comte d'Hervilly était moins rassuré; son désaccord avec le commandant en chef s'accentuait chaque jour, au milieu d'incidents puérils, que soulevaient les moindres distributions de vivres ou de logements.

Quand le débarquement fut achevé, de Puisaye établit son quartier général au Genès, et d'Hervilly au bourg de Carnac.

Rien n'est plus tranquille aujourd'hui que ce petit village breton, avec sa vieille église au porche bizarre et ses rues mal alignées. Tout autour, la plaine est étendue, vallonnée, mais peu verdoyante et peu fertile; chaque lopin de terre, où l'on ne cultive guère que des légumes de chétive apparence, est séparé du champ voisin par de petits murs en pierres sèches, entassées sans symétrie et sans prétention; pas de portes ni de barrières; on enlève quelques pierres pour entrer; on les replace quand on est sorti.

Si la vue se tourne du côté de la mer, elle découvre, en face, la baie de Quiberon, que limite à l'ouest l'étroite presqu'île; à gauche, le mont Saint-Michel, immense tumulus, couronné au faîte par une humble chapelle, sans le moindre ornement, aux murs nus et blanchis; à droite, les maisons de Plouharnel; plus loin, les collines de Ste Barbe. Tout le pays est parsemé de ces monuments mégalithiques, dont la destination, l'origine et l'histoire restent entourées d'un profond mystère, qui a exercé et exercera longtemps encore la patience — et peut-être aussi l'imagination des archéologues.

Quel impénétrable secret se cache sous ces blocs de vieux granit? Est-il vrai qu'un jour saint Cornille, poursuivi par des soldats furieux, se soit décidé à les pétrifier au moment même où ils allaient l'atteindre? cette explication, dit un écrivain — qui ne recule pas devant d'irrespectueuses assimilations — n'est bonne que pour les niais, les petits enfants.... et les poètes.

On en a cherché d'autres; mais il semble impossible d'arriver à une solution satisfaisante de tous points : restes d'un camp romain de l'époque de César, qui aurait fait dresser ces pierres énormes pour que ses soldats pussent y appuyer leurs tentes menacées de la tempête? ruines de temples druidiques, aux avenues régulièrement tracées pour les processions qui, à de certains jours, les venaient parcourir? cimetière immense où auraient reposé les débris d'une armée toute entière?... Bien inspiré sera celui qui donnera le mot définitif de l'énigme ! En tout cas, ce n'est peut-être pas assez de dire avec Gustave Flaubert : « Si l'on me demande, après tant d'opinions, quelle est la mienne, » j'en émettrai une irréfutable, irréfragable, irrésistible; une opinion » qui ferait reculer les tentes de M. de la Sauvagère et pâlir l'égyptien » Penhoët; cette opinion la voici : les pierres de Carnac sont de grosses » pierres. »

Soit! mais ces dolmens, ces cromlechs et ces menhirs n'en offrent pas moins un vif intérêt; au milieu de ces alignements sans fin, on regrette de se trouver si ignorant et si petit; on voudrait savoir bien des choses que l'on ignore, et l'on s'incline humilié devant ces vénérables vestiges de siècles endormis.

C'est aux pieds de ces mégalithes que les troupes royalistes, débarquées de la flotte anglaise, avaient, en 1795, établi leurs premiers campements.

Outre les quelques soldats qu'elles durent chasser de Saint-Michel, une faible garnison occupait le bourg de Quiberon, à l'extrémité méridionale de la presqu'île. Sommée de se rendre, elle refusa; dans la nuit du 3 au 4 juillet, une attaque fut tentée sans succès, un vent violent ayant contrarié les efforts des assaillants; mais la petite troupe, qui s'était, après la première alerte, réfugiée dans le fort Penthièvre, ne tarda pas à capituler; de Puisaye y pénétra, suivi de 15 à 20 officiers et de quelques hommes; il fit aussitôt réparer le fort qu'on essaya de mettre en état de défense.

Pour s'assurer désormais l'occupation tranquille du territoire et des environs de Carnac, le commandant en chef rassembla les chouans accourus à la nouvelle de la descente et en forma trois divisions.

Il plaça la première sous le commandement du comte de Vauban; la seconde fut confiée au chevalier Tinteniac, que la frégate *la Galatée* avait déposé à terre quelques jours auparavant, et qui, à la tête d'une troupe recrutée au hasard, mais sans instruction militaire et presque sans armes, avait déjà reconnu le pays; du Bois Berthelot, qui, avec Georges Cadoudal, était accouru au premier signal, reçut le commandement de la 3e division. On leur donna, à tous les trois, l'ordre de partir sans retard, et d'aller prendre position à Landevant au Nord-Ouest, à Locmariaquer et à Sarzeau à l'Est — Mendon devant servir de poste intermédiaire sur lequel, en cas d'échec, les colonnes pourraient se replier.

Du Bois Berthelot, pour accomplir sa mission, commença par s'emparer d'Auray; mais il y était à peine entré que, ne voyant pas venir les canons qu'il avait demandés et apprenant que le général Hoche arrivait à marches forcées, il dut, après avoir reçu dans une escarmouche de graves blessures, se replier vers la mer sur le gros de l'armée royaliste; pendant ce temps, on ne recevait aucune nouvelle précise de Tinteniac, et Vauban s'était vu, lui aussi, obligé de quitter le poste qu'on lui avait assigné et de se reporter en arrière; il était venu s'installer entre Carnac et le Mont-Saint-Michel, dans les positions de Kergonan, Plouharnel et Sainte-Barbe.

On touchait aux premiers jours de juillet; Hoche, dès que la nouvelle lui était parvenue, à Rennes, où se trouvait son quartier général, du débarquement des émigrés, avait placé le général Chabot entre Brest et Lorient pour empêcher les renforts d'arriver de l'extrémité de la presqu'île bretonne; puis il avait demandé à Canclaux de détacher de son petit corps d'armée, qui surveillait les mouvements de Charrette et Stofflet, la brigade du général Lemoine; lui-même, pendant que ces opérations s'effectuaient, s'était hâté d'échelonner ses troupes entre Rennes et Vannes, en passant par Ploërmel, et, ces dispositions prises, il pénétrait sans coup férir dans la ville d'Auray que du Bois Berthelot venait d'évacuer précipitamment.

Informé de ce mouvement, de Puisaye, qui se voyait maître de toute la presqu'île de Quiberon, s'empressa d'en protéger les abords par l'établissement de toute une série d'avant-postes, placés à l'entrée, sur une ligne relativement étendue, qui allait du hameau de Sainte-Barbe à l'Ouest, au Mont-Saint-Michel à l'Est.

Bien installée dans ces positions, où elle pouvait profiter du terrain pour s'y fortifier solidement, la petite armée était en mesure d'attendre l'arrivée des secours que lui apportait le deuxième corps expédition-naire. Hoche ne lui en laissa pas le loisir; il paraît, dès le 7 juillet, en vue de Carnac; sans perdre un instant, et bien qu'il n'ait avec lui que quelques poignées d'hommes, il commence l'attaque et repousse l'ennemi, qui n'offre pas de résistance et se replie sous la protection de quelques vieux canons placés au fort Penthièvre et de l'artillerie plus efficace de la flotte anglaise.

Chassés de Sainte-Barbe, les royalistes rentraient dans la presqu'île; mais, malheureusement, ils n'y rentraient pas seuls; à la nouvelle du débarquement était accourue, de tous les hameaux environnants, une lamentable multitude de paysans de tout âge, qui, accompagnés de leurs femmes et de leurs enfants, étaient venus en toute confiance demander asile aux émigrés et se mettre à l'abri du passage des *bleus*.

Tant que de Puisaye avait pu tenir sur la plage ou sur la dune, ces malheureux étaient campés aux alentours, entassés dans des cabanes abandonnées ou blottis pêle-mêle dans les anfractuosités du roc. Mais la retraite du marquis les entraîna à sa suite en nombre considérable — trente mille, dit M. de Vauban ; ils arrivèrent jusqu'au fort Penthièvre ; on se hâta de le leur faire traverser pour qu'ils pussent se répandre dans la presqu'île sans entraver par la suite les mouvements des corps de troupes.

La presqu'île de Quiberon, qui s'avance si hardiment en pleine mer, ne se rattache au continent que par une chaussée tellement amincie qu'au point le plus étroit elle ne mesure que quelques mètres d'un sable aride et léger que le flot bat sans relâche et qu'autrefois la marée venait souvent recouvrir ; on appelle cette langue de terre *la Falaise*, et c'est sur le petit chemin, qui en tient à peu près toute la largeur, que le marquis de Puisaye ramenait ses troupes, accompagnées de la masse des réfugiés qui se bousculaient à leur suite.

Hoche était maître de Sainte-Barbe ; cet important point stratégique, dont il pouvait faire la base de ses opérations ultérieures, était pour lui d'un prix inestimable. Il l'avait bien compris ; aussi, « Mon cher général, » écrivait-il, le 7 juillet, au général Chérin, les Anglo-Émigrés-Chouans » sont, ainsi que des rats, enfermés dans Quiberon, où l'armée les tient » bloqués. J'ai l'espoir que dans quelques jours nous en serons quittes. »

A tout événement, il s'empressa de profiter de ce premier succès et de faire exécuter des terrassements d'abri et des travaux de fortification ; officiers et soldats travaillaient aux retranchements, tous en bras de chemise, les premiers ne se distinguant des seconds que par le hausse-col ; les hommes s'attelaient aux canons avec tout ce qui leur tombait sous la main ; ils y mettaient une telle ardeur, que de Puisaye, qui les observait de la plate-forme du fort Penthièvre, s'écrie, dans ses *Mémoires :* « au besoin ils s'y seraient attelés avec leurs dents ! »

On ne tarda pas, au camp royaliste, à vivement regretter de n'avoir pas défendu, jusqu'au dernier homme, la position de Sainte-Barbe et les approches de la presqu'île. « Ce fut, dit le comte de Vauban, la » faute la plus notable qui se soit faite, depuis que le sens commun » entre pour quelque chose dans les combinaisons de ce métier-là. » Aussi de Puisaye et d'Hervilly, d'accord pour une fois, conçurent-ils sur le champ le projet de ne pas laisser à Hoche le temps de s'établir solidement dans sa position nouvelle, et le 8 juillet, au matin, ils tentèrent une sortie.

De Puisaye, accompagné de Tinteniac, qui était revenu à l'improviste, de Georges Cadoudal et de Lemoine, prit le commandement des émigrés et des bretons ; d'Hervilly était à la tête de son régiment ; 4,000 hommes environ se mirent ainsi en route, et, suivant la presqu'île par *la Falaise*, s'avancèrent jusqu'aux avant-postes de l'armée républicaine. Surpris par cette attaque imprévue, les soldats de Hoche répondent par des feux de peloton, et viennent se placer sous la protection de leur artillerie ; tout-à-coup, des décharges se font entendre, qui obligent les assaillants à reculer ; ils se retirent en ordre, presque au pas ; mais, cette fois, dans la presqu'île où ils vont s'enfermer, ils se verront bloqués sans retour, et, dès ce moment, leur situation semble désespérée.

Toutefois, de Puisaye ne perd pas courage ; de concert avec d'Hervilly et le commodore anglais, il conçoit, avec une louable rapidité, un plan nouveau, dont l'objectif sera nécessairement la prompte reprise des collines de Sainte-Barbe ; à cet effet, une sérieuse diversion est décidée : Tinteniac, à la tête de 3,500 chouans, ira débarquer à la pointe de Saint-Jacques, dans la presqu'île de Ruis, d'où il s'efforcera de rejoindre Lantivy et Jeanjean, qui, de leur côté, auront touché terre à l'entrée de la rivière d'Etel ; la jonction des deux troupes devra s'opérer à Baud, au nord de cette position de Landevant que, dans le premier mouvement qu'il avait exécuté, du Bois Berthelot n'avait pas pu atteindre ; de là, les royalistes, s'avançant à marches forcées vers le sud, prendront l'armée républicaine à revers ; de Puisaye, avec toutes ses forces réunies, l'attaquera de front ; Hoche ainsi se trouvera entre deux feux ; l'engagement est fixé au 16 juillet.

Pendant la nuit du 10 au 11, et dans le seul but de détruire des ouvrages de défense qui s'élevaient rapidement aux approches de Sainte-Barbe, une démonstration est ordonnée contre le camp républicain ; mais le général Humbert, auquel a été confié le commandement immédiat de la position, résiste avec énergie ; à 5 heures du matin, les émigrés reculaient.

Les journées des 12 et 13 juillet se passent sans incident ; de part et d'autre, on se prépare. Le moment est solennel ; l'action sera décisive.

Pendant que ces événements s'accomplissaient sur les côtes de Bretagne, le jeune de Sombreuil, ayant réuni en Angleterre une petite armée de 1,500 hommes, levait l'ancre ; la traversée fut heureuse et rapide ; le 15, au soir, la flotte nouvelle paraissait en vue de Quiberon.

Mis au courant du plan arrêté pour le 16, de Sombreuil demanda avec insistance qu'on en différât l'exécution ; il aurait ainsi, disait-il, le temps de débarquer ses troupes, et, en leur faisant prendre part à l'attaque, d'en assurer le succès ; de Puisaye, ébranlé par ces considérations, semblait hésitant ; mais d'Hervilly s'opposa à tout retard, qu'il jugeait impossible, en raison des ordres donnés à Tinténiac et Lantivy et des opérations combinées qu'ils devaient effectuer ; pour réussir il fallait faire concorder les mouvements ; une remise, fût-elle seulement de quelques heures, pouvait tout compromettre, et les conséquences d'un échec seraient incalculables. Les chefs des émigrés ignoraient à ce moment les incidents graves, et d'ailleurs inexpliqués, qui, presque dès le début, avaient fait échouer la diversion. De Sombreuil se soumit ; il demanda et obtint seulement de se joindre en personne à l'état-major de de Puisaye, mais ses régiments allaient rester inutiles en rade, sur les navires anglais qui les avaient transportés.

Le lendemain matin, dès la première heure, la *journée* du 16 juillet était commencée.

Le comte de Vauban avait mission de descendre à l'entrée de la baie de Carnac, vers Saint-Colomban, et de s'emparer à tout prix du village ; dès qu'il toucherait terre, il devait, pour prévenir de Puisaye, lancer une première fusée ; en cas d'insuccès qui l'obligeât à reprendre la mer, il avait ordre d'en tirer une seconde.

Dans la nuit du 15 au 16, le comte de Vauban à la tête de 1,200 hommes, débarqua sans rencontrer la moindre résistance ; immédiatement, il se mit en route, et, longeant la côte, il s'efforça de surprendre l'aile gauche de l'ennemi ; le signal convenu avait annoncé que cette première partie de l'opération s'était heureusement accomplie.

Deux heures avant la pointe du jour, d'Hervilly et de Puisaye, comptant toujours sur la diversion de Tinténiac et de Lantivy, commençaient leur attaque de front. Ils engageaient environ 2,500 hommes d'armée régulière et 1,600 chouans ; Loyal-Émigrant et quelques pièces de canon marchaient en tête ; Royal-Marine et le comte du Dresnay tenaient la droite ; d'Hervilly était à gauche.

Les avant-postes républicains, mollement défendus, sont culbutés; les royalistes s'avancent pleins de confiance et d'ardeur; mais un escadron de cavalerie qui couvrait deux batteries placées sur les côtés, les démasque soudain; un feu terrible éclate, qui prend les assaillants en écharpe et les couvre de mitraille. Ils résistent d'abord courageusement; une charge violente, qui amoncelle dans leurs rangs les blessés et les cadavres, détermine seule de Puisaye à donner l'ordre de la retraite; cet ordre parvient à d'Hervilly au moment même où il venait d'être frappé à mort; il le transmet à un aide de camp; mais l'officier est tué à son tour; les régiments de gauche, que personne n'avait pu avertir, continuent à avancer; à droite, au contraire, on recule; ce défaut d'ensemble dans les mouvements est fatal; le désordre est à son comble; beaucoup d'hommes sont massacrés; la retraite se change en déroute; c'était l'irrémédiable défaite. Les suites en furent désastreuses; les causes en sont multiples.

Le comte de Vauban, qui, devait attaquer, par la côte, l'aile gauche de l'armée républicaine, avait complètement échoué; repoussé dès le premier engagement, il s'était empressé, si nous l'en croyons, de tirer la seconde fusée qui devait prévenir de la nécessité où il se trouvait de se rembarquer sans poursuivre; mais, soit que l'attention de tous fût distraite, soit que la clarté du jour naissant ait pâli l'éclat du feu, personne ne vit le signal; aussi l'état-major, quand la marche en avant fut ordonnée, pensait-il que de Vauban avait réussi et se trouvait en contact avec l'ennemi, alors qu'au contraire, il s'était déjà réfugié, avec son détachement, sur les navires à l'ancre dans la rade.

La diversion dont Tinteniac avait été chargé et que d'Hervilly avait invoquée pour s'opposer à tout retard, n'avait pas même été tentée. A peine débarqué près du château de Sarzeau, Tinteniac avait, dit-on, trouvé de mystérieuses instructions; elles lui enjoignaient, au nom du roi de France, de se rendre dans les environs d'Elven, où, sous les massifs épais de la forêt de Maulac, il devait rencontrer une division, commandée par un certain chevalier de Silz; il avait ordre d'opérer sa jonction avec lui pour marcher ensemble sur Saint-Brieuc. Très brave, mais sans jugement et sans tête — si nous en croyons les *Souvenirs* de M. de Contades — Tinteniac, oubliant l'armée de Quiberon, qu'il livrait ainsi aux hasards les plus redoutables, s'avança d'abord jusu'à Coëtlogon. On l'y attendait : reçu au château, il prenait part aux repas du soir, quand tout à coup la fusillade éclate ; il rassemble quelques hommes, se jette sur les assaillants, les repousse ; mais un grenadier qui s'enfuit se retourne, presse une dernière fois la détente de son fusil ; Tinteniac tombe foudroyé.

Quant à Lantivy et à Jeanjean, ils s'étaient rendus pour effectuer leur descente à l'endroit convenu ; mais, eux aussi, avaient reçu l'ordre de se porter vers le nord avec les chouans qu'ils commandaient ; sur la route, ces soldats improvisés, qui revoyaient leurs maisons désertes, leurs villages abandonnés, et trouvaient leurs moissons prêtes pour la faucille, s'étaient dispersés d'eux-mêmes.

Persuadé de l'exécution ponctuelle des instructions qu'il avait données, laissé d'ailleurs sans nouvelles, de Puisaye s'était avancé résolument ; mais, abandonné de ceux en qui il avait mis l'espoir d'un succès longtemps espéré, il devait être infailliblement vaincu. Sa défaite fut la conséquence fatale des incidents que nous venons de rapporter.

La déroute de l'armée royaliste, sous le canon de Sainte-Barbe, fut effroyable ; deux régiments entiers avaient été presque hachés par la mitraille ; affolés, sourds aux prières, rebelles aux ordres, les fuyards plongeaient leurs fusils dans l'eau de la mer pour mouiller la poudre et refuser de combattre encore ; ils se précipitaient sur *la Falaise*, tellement pressés que beaucoup ne trouvaient pas place sur l'étroit chemin, et couraient dans les vagues, au risque d'y perdre pied et de s'y voir engloutir.

Cependant, les troupes républicaines pénétraient dans la presqu'île ; parvenues jusqu'au pied du fort, il semblait que, dans leur course folle, elles allassent y entrer sans résistance, et à la suite même des vaincus qui s'y réfugiaient ; mais la flotte anglaise se mit en mouvement, vint s'embosser dans la baie de Carnac, et ouvrit un feu des plus nourris, qui arrêta l'élan des vainqueurs.

L'armée royaliste se trouvait définitivement captive dans la partie méridionale de la presqu'île de Quiberon, et sans le moindre espoir d'en sortir : partout la mer, souvent paisible par ces beaux jours d'été, mais toujours inhospitalière et infranchissable ; seule, au nord, une langue de terre, large de quelques toises, laissait communiquer avec la côte bretonne ; mais là, pour fermer le passage, des troupes organisées, victorieuses, bien dirigées et résolues à en finir.

Et dans ces landes, incultes et sablonneuses, où l'on ne rencontre que quelques hameaux misérables, et où, encore aujourd'hui, peuvent à peine pâturer de maigres troupeaux, s'étaient aussi enfermés les habitants de tous les bourgs voisins, qu'il fallait admettre au partage des vivres de l'armée.

Le débarquement de de Sombreuil allait augmenter le nombre des bouches à nourrir. Il s'effectua le 17 juillet, au port d'Orange, sur la côte orientale de la presqu'île. Sans perdre de temps, la petite troupe se met en route pour rejoindre de Puisaye et reconnaître les positions occupées par l'ennemi. Mais les événements se précipitent, et le drame était presque achevé, avant que les nouveaux venus aient pu sérieusement intervenir.

On avait commis l'impardonnable faute de confier la garde du fort Penthièvre en partie à d'anciens prisonniers français ramenés des pontons d'Angleterre ; quelques hommes s'évadaient chaque jour ; se laissant glisser, un à un, le long des rochers, ils suivaient la grève et se réfugiaient au camp républicain ; admis auprès des officiers, ils leur affirmaient que la garnison du fort était prête à en ouvrir les portes.

Hoche tint conseil, et, après deux jours de repos, qui permirent aux troupes de reprendre haleine et aux rangs de se reformer, l'attaque de la citadelle fut fixée ou 20 juillet.

Construite sur un rocher constamment battu par les flots, elle n'était pas, même en 1795, malgré ses tours crénelées et ses grands murs sombres, en état d'opposer longue résistance ; le courage et l'ardeur de la garnison auraient peut-être pu repousser l'assaut ; mais mal disposés, mal commandés et déjà vaincus, les défenseurs du fort, réduits à petit nombre par la désertion, servirent, bien plutôt qu'ils n'entravèrent, les plans de l'assaillant.

Nous sommes dans la nuit du 20 au 21 juillet 1795 ; il est onze heures du soir ; l'obscurité est impénétrable ; l'armée républicaine s'avance en colonnes serrées ; les chefs sont présents ; Humbert tient la gauche, Valletaux est au centre. Déjà les avant-gardes sont engagées sur *la Falaise;* soudain, le vent s'élève et agite les vagues ; les nuages se rassemblent ; un orage éclate, formidable et grandiose ; la pluie tombe à torrents ; les éclairs se succèdent sans relâche ; le ciel est en feu. Ruisselants et transis, les soldats marchent, marchent toujours. Les déserteurs avaient révélé le moyen de pénétrer dans la forteresse ; on pouvait, avaient-il dit, en entrant dans l'eau, faire le tour du rocher sur lequel reposait la gauche du fort ; puis, touchant à la plage, on rencontrait un sentier abrupt et rocailleux, presque à pic, qui conduisait au sommet de la position. Ménage était chargé d'opérer le mouvement ; à la tête de 300 hommes déterminés, il suit la route indiquée, gravit le petit chemin, parvient sur la hauteur ; avant minuit, il touche aux murailles ; quelques sentinelles essaient de résister ; elles sont égorgées ; des cris se font entendre ; mais il y a des traîtres dans la place ; les portes sont ouvertes, et peu après le drapeau tricolore flottait sur la citadelle ; le coup de main avait réussi.

Les vainqueurs ne s'attardent pas à ce premier avantage ; ils franchissent rapidement le fort, désormais sans défenseurs, et s'élancent en avant.

Tout reposait dans la presqu'île ; de Sombreuil avait, dans la soirée, passé une inspection attentive des différentes positions ; il en rendit compte à de Puisaye. Celui-ci, cantonné au hameau de Kerdavid, à trois quarts de lieue du fort Penthièvre, s'était déshabillé et tranquillement endormi. On a formulé à cette occasion contre lui le vif reproche d'être très paresseux ; « il aimait, dit M. de Contades, à rece- » voir les honneurs ; si l'on eût pu les lui rendre dans son lit, c'est » là qu'il les eût préférés. »

Vers une heure du matin, de Puisaye entendit bien quelques coups de fusil ; il s'imagina que c'était simplement la rencontre de deux patrouilles. Mais l'alerte est donnée, et l'on bat la générale. Le commandant en chef, réveillé en sursaut, s'habille à la hâte et saute à cheval ; il rencontre un soldat qui fuyait à toute jambes et duquel il apprend que, depuis près de deux heures, le fort est au pouvoir de l'ennemi.

De Sombreuil, logé à Saint-Julien, est prévenu sans retard ; les deux chefs se rencontrent à Kernavest ; ils veulent résister, reprendre la citadelle ; mais la déroute est commencée ; des hommes, des femmes, des fuyards de tous les régiments se précipitent, en foule hurlante et terrifiée, jusqu'à la mer, où ils cherchent à s'embarquer pour aller demander asile à la flotte anglaise.

L'amiral Warren avait promis d'intervenir en cas de surprise ; il était convenu qu'un feu serait allumé au mât de pavillon du fort pour l'avertir qu'on avait besoin de son secours ; mais, au moment de l'envahissement, personne n'avait songé au signal, et l'ombre de la nuit ne permit pas d'apercevoir les couleurs du drapeau qui flottait. Les canons anglais restèrent muets.

C'est alors que de Puisaye se décida à se jeter dans une embarcation pour aller secouer l'apparente torpeur de l'amiral ; cette démarche suprême qui, deux heures plus tôt, aurait peut-être tout sauvé, ne pouvait rien changer aux événements qui se déroulaient alors avec une implacable rapidité.

Cette conduite du marquis a provoqué les récriminations les plus sévères : quelques jours avant sa mort, dans une lettre restée célèbre, qu'il adressait au commodore Warren, l'infortuné de Sombreuil a violemment flétri son compagnon d'armes ; il l'appelle *le fourbe qui nous a perdus* ; « après m'avoir, ajoute-t-il, donné ordre de l'attendre à un endroit indiqué, il a eu l'extrême prudence de joindre vite un bateau ; je ne doute pas que le lâche ne trouve quelques excuses à sa fuite. »

M. de Puisaye, en effet, dans ses *Mémoires* imprimés, a tenté sa justification. Il avait, prétend-il, un plan ; il voulait faire évacuer la presqu'île, mais avec ordre et régularité — ce qui était peut-être plus facile à concevoir qu'à exécuter. Il avait, en tout cas, besoin de chaloupes et de transports ; et c'était pour en demander l'envoi à l'amiral anglais qu'il s'était décidé à l'aller rejoindre. Ce serait, d'ailleurs, sur l'insistance de de Sombreuil lui-même que, renonçant à son premier projet d'envoyer le marquis de la Jaille au commodore, il aurait résolu de partir. « Au nom de Dieu, se serait écrié le jeune chef, veuillez aller vous-même décider l'amiral ; cela est nécessaire au salut de tout ce qui reste ici d'honnêtes gens. »

De Puisaye a en outre allégué que, détenteur d'une correspondance des plus compromettantes, il devait, dans l'intérêt de tous, la mettre à l'abri, en la transportant à bord d'un vaisseau anglais.

Quoi qu'il en soit de ces accusations et de ces graves dissentiments, sur lesquels il est difficile de se prononcer en toute justice, à peine le marquis avait-il pris la mer que les détachements républicains se répandent dans la presqu'île ; de Sombreuil essaie de rassembler ce qui restait d'hommes valides et armés, peut-être 3 à 4,000 combattants ; mais la panique s'est emparée de cette troupe qui, bien que supérieure en nombre, ne songe même pas à résister au premier élan des soldats, un peu dispersés, de Hoche et d'Humbert. Elle recule de Kernavest à Port-Haliguen, de Port-Haliguen au Fort-Saint-Pierre ; c'est le point extrême ; quelques désespérés entourent de Sombreuil, et essaient de se cantonner avec lui derrière les murs sans défense du petit fort, qui émerge à peine du sable de la grève et ne peut donner aux réfugiés que l'asile le plus éphémère.

Cependant l'amiral anglais a été prévenu [1] ; soit que du pont de la *Pomone*, qui portait son pavillon, il ait vu ce qui se passait à terre ; soit que déjà de Puisaye ait pu l'avertir, il fait les efforts les plus énergiques pour envoyer des renforts aux émigrés ; sa flottille a jeté l'ancre à peu de distance du rivage ; elle ouvre un feu violent qui frappe indistinctement, dans les rangs de l'armée de Hoche et parmi la troupe de de Sombreuil. Quelques bateaux se sont détachés ; ils essaient d'atterrir pour embarquer les malheureux qui appellent désespérément au secours ; mais la tempête gronde ; elle mêle sa voix sombre au bruit de l'artillerie anglaise, et la mer est démontée. Les barques ne peuvent toucher à la plage, d'où partent des cris horribles, et d'où s'élancent des affolés qui n'hésitent pas à se jeter dans les vagues pour arriver aux embarcations. La scène est effroyable : des coups de fusil sont tirés du rivage sur la tête de quelques fuyards qui ont pénétré dans l'eau jusqu'au cou ; et, quand les barques se sont trouvées remplies, ceux qu'elles avaient recueillis, frappent à coups de sabre, dans la crainte de chavirer, les mains qui se crispent aux bords chancelants des chaloupes [2].

Quel contraste entre cette tragédie sanglante et la tranquillité profonde qui plane aujourd'hui sur la presqu'île ! Du sol dénudé qui la

---

(1) Des accusations de négligence et d'inertie ont été dirigées au Parlement anglais contre l'amiral Warren ; nous devons dire cependant que nous n'avons trouvé trace d'aucune récrimination dans les nombreux *Mémoires* publiés en France sur la catastrophe de Quiberon ; c'est pourtant là que des plaintes, si elles eussent été fondées, auraient pu être formulées.

(2) Un émouvant épisode de ce drame a fait le sujet d'un remarquable tableau exposé au Salon de cette année, et dû au pinceau de M. Pierre Outin.

forme, à peine voit-on surgir quelques arbustes souffreteux, souvent courbés par le vent de la mer, de maigres buissons, des cahutes isolées, des moulins nonchalants.

Le petit bourg de Quiberon semble vivre à peine; il a l'aspect d'un village presque inhabité, aux maisons blanches et peu élevées, aux rues tellement tortueuses que l'étranger qui s'y promène ne sait jamais s'il est dans une cour privée ou sur la voie publique; les animaux domestiques errent partout à l'aventure; des ustensiles, des outils, des objets de tout genre gisent dans tous les coins.

La plage est belle, étendue; le sable très fin; il s'entasse en monticules envahissants qui menacent de bientôt atteindre à la hauteur des clôtures; encore un peu, il engloutira un vieux cimetière presque abandonné, où rien ne viendra plus désormais troubler le repos des morts, qui y dorment leur dernier sommeil.

À contempler ce spectacle imposant par sa tristesse même, à parcourir cette grève qu'entoure, presque de toutes parts, le bleu de l'Océan, à s'y laisser doucement rêver, l'impression des souvenirs éclate plus frappante et plus vive, et la pensée reconstitue, sans effort, la dernière scène du drame de Quiberon — celle sur laquelle plane encore un impénétrable mystère.

C'en est fait de la résistance; les vainqueurs touchent au fort Saint-Pierre; des cris s'élèvent de leurs rangs; que disent-ils? « rendez-vous! rendez-vous! il ne vous sera fait aucun mal! »— et la troupe royaliste est prisonnière.

Est-il vrai qu'alors de Sombreuil se soit avancé seul, et ait rencontré un officier de grade supérieur — Humbert, selon les uns, Hoche lui-même, selon les autres? Est-il vrai qu'entre eux une sorte de capitulation, peu conforme à l'impitoyable rigueur de la guerre civile, ait été verbalement conclue? Est-il vrai, au contraire, comme l'a écrit le malheureux de Sombreuil lui-même, quelques jours avant sa mort tragique, que seul le *cri général de l'armée*, qui ne pouvait engager personne, ait promis que tous, à l'exception du chef, seraient épargnés?.... De ces choses les témoins ne manquent pas; mais leurs dépositions restent singulièrement contradictoires. C'est œuvre d'historien que d'étudier les unes et les autres et de s'efforcer d'en faire jaillir la vérité; le voyageur, plus modeste, recueille toutes les affirmations;

intérêt qu'elles offrent lui serre le cœur, mais il sortirait du cadre dans lequel il veut renfermer ses souvenirs, s'il essayait de trancher quelqu'une de ces questions qui ont déjà fait couler des flots d'encre et sur lesquelles on ne dira jamais le dernier mot.

L'armée royaliste laissait dans la presqu'île un butin considérable, qui eût pu faciliter la défense. « Quiberon offre à l'œil, a écrit le général Hoche, le spectacle d'Amsterdam ; il est couvert de ballots, de tonneaux, de caisses remplies d'armes, de farine, de légumes secs, de vins, liqueurs fortes et autres, sucre, café, selles, brides, effets d'équipement et d'habillement. »

La lutte ayant cessé, les prisonniers, divisés en trois colonnes, furent ramenés au continent ; la première n'alla pas loin : composée de femmes, d'enfants, de vieillards, tous affamés et en guenilles, elle s'était dispersée, sous l'œil, à dessein peu vigilant, de ses gardiens, avant d'atteindre le bourg de Plouharnel ; les deux autres furent dirigées sur Auray, où elles parvinrent le 20 juillet au soir ; elles étaient formées des débris de l'armée de de Puisaye, auxquels s'était jointe la petite troupe, presque intacte, de de Sombreuil, avec son noble et brillant état-major et son chef lui-même. Lequel de tous ces infortunés aurait pu croire à une pareille catastrophe, quelques jours plus tôt, lorsqu'ils débarquaient sur la plage, pleins de courage et d'enthousiasme, le cœur gonflé des plus folles espérances ?

L'expédition de Quiberon, en effet, était, à l'avance, fatalement condamnée : les éléments dissemblables qui composaient la petite armée ; l'admission, dans ses rangs, de prisonniers français qui, pour sortir d'Angleterre, étaient disposés à tout promettre, quitte à tout oublier quand ils auraient revu le sol natal ; l'incertitude des instructions, des consignes et des ordres ; les conflits qui s'élevaient sans cesse entre les chefs, — tout cela démontre, une fois de plus, qu'il ne suffit pas de vouloir vaincre pour vaincre effectivement, et que la foi, l'énergie, l'esprit de sacrifice sont souvent déjoués par l'inexorable cours des événements.

Le drame était achevé ; il n'y manquait que l'épilogue ; non loin de la presqu'île, il allait se dérouler plus rapide et plus effroyable encore.

De Sombreuil, captif, avait été d'abord enfermé avec les principaux chefs de l'expédition, à Auray, dans l'église Saint-Gildas ; puis, on les transporta tous à la prison de la ville, où ils passèrent quelques jours, en proie à une cruelle anxiété, que traversaient des alternatives de découragement et d'espoir. Le 1er août, le jeune chef fut conduit à Vannes, et le 2, au matin, on le fusilla en compagnie de l'évêque de Dol, sous les platanes de cette bell. promenade de la Garenne, que longe une partie des anciens remparts, toujours bien conservés, de la vieille ville. C'est là qu'aujourd'hui les petits se livrent à leurs jeux, et que les gens se promènent les jours de fête et le Dimanche.

Ce n'était pas tout.

Quand on se dirige sur Auray, en suivant la route qui part de la chapelle de Sainte-Anne, on ne tarde pas à franchir une gorge profonde, pittoresque, presque sauvage ; au fond, roule, en bouillonnant parmi les rochers, la petite rivière du Loch ; tout près de là, après un carrefour, sur la gauche, la plaine s'élargit ; des collines boisées l'entourent ; des chemins couverts la sillonnent ; — puis, une belle pelouse, bien verte, de forme rectangulaire ; sur les côtés, des sapins sombres ; au fond, un temple grec, — c'est *le champ des martyrs ;* c'est là que, dès les premiers jours d'août, et pendant des semaines entières, retentirent, à la suite des inflexibles sentences rendues par les Commissions militaires, les fusillades qui amoncelèrent, cadavres sur cadavres, les prisonniers de Quiberon.

A la vue de ce calme paysage, par une belle matinée de septembre, sous les rayons d'un clair soleil, comment ne pas maudire à jamais les atrocités que déchaîne la guerre civile ? La tragédie qui s'est achevée ici a nécessairement appelé, plus loin, les représailles et la vengeance ; de part et d'autre, on a fait assaut de cruautés et d'horreurs.

Et puis, le dernier coup de feu ayant éclaté, un dernier cri de mort a répondu ; la terre a bu le sang versé..... et la nature a repris son inaltérable sérénité ; l'humble rivière, qui baigne la prairie où se sont passées ces choses abominables, n'en a pas ralenti son cours ; çà et là, quelques vieux arbres séculaires sont restés, comme les témoins impassibles de ces lamentables scènes ; et, depuis, ils n'ont pas manqué une seule fois de reverdir au printemps et de se dépouiller quand sont venus les hivers.

Amiens. — Typographie DELATTRE-LENOEL, rue de la République, 32.

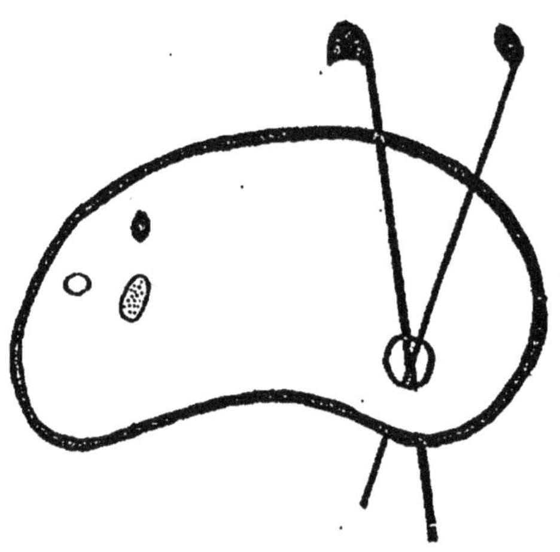

ORIGINAL EN COULEUR
NF Z 43-120-8